Ernst Probst

Die Schönfelder Kultur

Eine Kultur der Jungsteinzeit
vor etwa 2.800 bis 2.200 v. Chr.

Widmung

Allen Prähistorikern und Prähistorikerinnen gewidmet,
die mich bei meinen Büchern über die Steinzeit unterstützt haben

Impressum
Die Schönfelder Kultur
Autor: Ernst Probst,
Im See 11, 55246 Mainz-Kostheim
Telefon: 06134/21152
E-Mail: ernst.probst (at) gmx.de
Herstellung: Amazon Distribution GmbH, Leipzig
Alle Rechte vorbehalten
ISBN: 979-8-703-62920-8

Inhalt

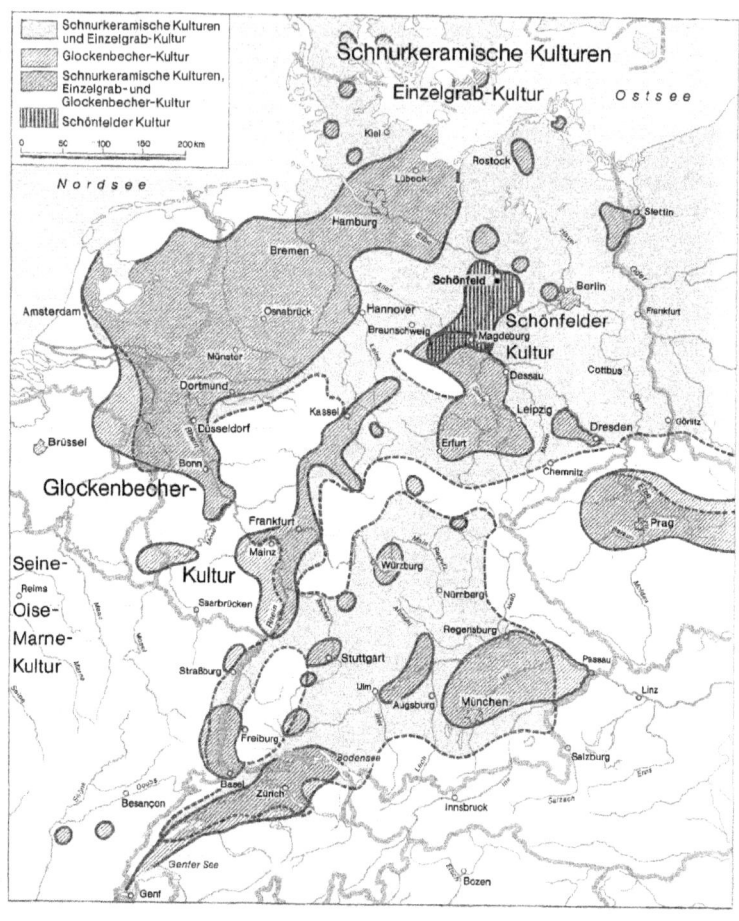

Verbreitung der Schönfelder Kultur,
Schnurkeramischen Kulturen und Glockenbecher-Kultur
in Deutschland.
Karte von Adolf Böhm
für das Buch „Deutschland in der Steinzeit" (1991)
von Ernst Probst

Vorwort

Eine Kultur der Jungsteinzeit, deren Angehörige ihre Toten ausschließlich verbrannt und vermutlich die Sonne angebetet haben, steht im Mittelpunkt des Taschenbuches „Die Schönfelder Kultur". Diese Kultur existierte vor etwa 2.800 bis 2.200 v. Chr. im nördlichen Mitteldeutschland. Ihr Name ist von der Fundstelle Schönfeld (Kreis Stendal) nördlich Magdeburg in Sachsen-Anhalt abgeleitet, wo man bereits 1905 ein Gräberfeld erforscht hat. Durch die Brandbestattung grenzten sich die Schönfelder Leute bewusst von den Menschen aller benachbarten Kulturen ab, die ihre Verstorbenen meistens unverbrannt zur letzten Ruhe betteten. Aus der Zeit der Schönfelder Kultur kennt man einen Überfall, bei dem Frauen entführt wurden, und ein Massaker als Racheakt.

Gymnasialprofessor und Prähistoriker
Paul Kupka (1866–1949) aus Stendal in der Altmark.
Foto: Landesmuseum für Vorgeschichte Halle/Saale

Die Schönfelder Kultur

Auf bisher unbekannte Weise entstand im nördlichen Mitteldeutschland die Schönfelder Kultur (etwa 2.800 bis 2.200 v. Chr.). Sie war im Saalegebiet, an der mittleren Elbe, an der unteren Havel, in der Altmark, östlich und nördlich vom Harz sowie im östlichen Niedersachsen verbreitet. Diese Kultur bildete räumlich und kulturell einen Keil zwischen den Schnurkeramischen Kulturen (etwa 2.800 bis 2.300 v. Chr.) und deren nördlichem Zweig, der Einzelgrab-Kultur (etwa 2.800 bis 2.300 v. Chr.).

Den Begriff Schönfelder Kultur hat 1910 der Gymnasialprofessor und Prähistoriker Paul Kupka[1] (1866–1949) aus Stendal in der Altmark geprägt. Er ist von der Fundstelle Schönfeld (Kreis Stendal) nördlich Magdeburg in Sachsen-Anhalt abgeleitet, wo ein Gräberfeld angelegt worden war. Schönfeld gehört heute zur Ortschaft Steinfeld und ist ein Ortsteil der Stadt Bismarck. Als Leitformen dieser Kultur der späten Jungsteinzeit (Spätneolithikum) gelten verzierte Schalen, Henkelbecher, Tontrommeln und gestielte Knochenanhänger.

Über die Dauer der Schönfelder Kultur findet man in der Literatur unterschiedliche Zeitangaben. Im Buch „Deutschland in der Steinzeit" (1991) von Ernst Probst ist von etwa 2.500 bis 2.100 v. Chr. die Rede. Dagegen erwähnt das Online-Lexikon „Wikipedia" 2.900 bis 2.100 v. Chr. Auf einer Internetseite des „Landesmuseums für Vorgeschichte Halle" wiederum heißt es ca. 2.800 bis 2.200 v. Chr. In diesem Text werden die Angaben der renommierten Experten von Halle/Saale übernommen.

Zur Schönfelder Kultur gehörten zwei regionale Gruppen, die sich durch Formen und Verzierungen der Keramik unter-

Prähistoriker Carl Engel (1895–1947),
Rektor der Universität Greifswald von 1942 bis 1945,
bei einem Festakt im März 1944 in der Universität Oslo.
Engel war Nationalsozialist und bekleidete hohe Ämter
Foto: Riksarkivet (Nationalarchiv von Norwegen)
@ Flickr Commons

schieden. Eine davon war die Schönfelder Nordgruppe (2.800/ 2.700 bis 2.200 v. Chr.) im Norden von Sachsen-Anhalt, die andere die Ammenslebener Gruppe (2.600/2.500 bis 2.200 v. Chr.) in der Mitte von Sachsen-Anhalt.

Der Begriff Ammenslebener Gruppe geht auf den Prähistoriker Carl Engel (1895–1947) zurück. Er hatte bei Groß Ammensleben, heute ein Ortsteil der Einheitsgemeinde Niedere Börde im Kreis Börde in Sachsen-Anhalt, auf einem Brandgräberfeld gegraben. Dabei erforschte er dort erstmals Besiedlungsspuren. Seine Erkenntnisse veröffentlichte er in seiner Dissertation „Die jungsteinzeitlichen Kulturen im Mittelelbegebiet" von 1928. Ein Teildruck erschien 1933. Engel erkannte innerhalb der seit 1905 bekannten Schönfelder Kultur die Ammenslebener Untergruppe.

An Fundstellen der Schönfelder Kultur entdeckte man auch Objekte der Schnurkeramik, Einzelgrab-Kultur und Glockenbecher-Kultur (etwa 2.500 bis 2.200 v. Chr.). Sie bezeugen teilweise Gleichzeitigkeit und möglicherweise auch Handels- oder Heiratsbeziehungen oder Mord und Totschlag. Andererseits heißt es, die Schönfelder Kultur habe sich gegenüber fremden Einflüssen kaum aufgeschlossen gezeigt.

Auf guten Böden behaupteten sich damals weiterhin Eichenmischwälder, auf nährstoffarmen Sandböden herrschten dagegen jetzt Kiefernwälder vor. Wildtierknochen fand man von Auerochsen, Rothirschen, Rehen, Hasen, Füchsen, Hamstern, Fischottern, Mardern und Iltissen.

Bei der Wahl eines Wohnplatzes war für die Schönfelder Leute die Bodenqualität am Standort und in der Umgebung nicht allein ausschlaggebend. Ihre Siedlungen – wie kleine Weiler oder bis zu einem Hektar große Dörfer – erstreckten sich stets auf einer Anhöhe nahe eines Gewässers. So war man gut mit Wasser versorgt, aber nicht durch Hochwasser bedroht.

*Langhaus im Steinzeitdorf von Magdeburg-Randau
in Sachsen-Anhalt.
Foto: Muggmag (via Wikimedia Commons),
Lizenz: gemeinfrei (Public domain)*

Die Menschen der Schönfelder Kultur bewohnten kleine bis mittelgroße Holzhäuser mit Pfostenbauweise und vermutlich Firstdächern. Von diesen mehrräumigen Behausungen sind meist nur die Grundrisse und manchmal Spuren von Feuerstellen erkennbar. Ein Pfostenbau von Randau (Salzlandkreis) in Sachsen-Anhalt erreichte eine Länge von etwa 22 Metern und eine Breite von 4,50 Metern.[2] In seinem Innern mit Wohn- und Arbeitsräumen gab es mehrere Feuerstellen. Eine Rekonstruktion ist im Steinzeitdorf Randau im Magdeburger Stadtteil Randau-Calenberge zu sehen.[3]

Ein wahrscheinlich nur zur Hälfte erhaltener Hausgrundriss in Gerwisch, einem Ortsteil der Einheitsgemeinde Biederitz (Kreis Jerichower Land) in Sachsen-Anhalt, war etwa 13 Meter lang und 4,50 Meter breit. Abfallgruben mit einem Durchmesser von einem Meter bis zu zwei Metern mit Keramikresten, Feuersteinwerkzeugen, Speiseresten (Flussmuschelschalen) sowie Pfostenspuren eines Hauses kamen 2010 bei Grabungen in Barleben (Kreis Börde) in Sachsen-Anhalt zum Vorschein. Offenbar lag einst nahe des Flusses Sülze. in dem heute keine Flussmuscheln mehr existieren, eine Siedlung.

In Brandenburg-Neuendorf (Kreis Potsdam-Mittelmark) ist ein Hausgrundriss mit den Maßen von 8 mal 4 Metern entdeckt worden, zu dem eine Feuerstelle und eine Kellergrube gehörten. In dem fensterlosen Gebäude wohnten schätzungsweise 30 Menschen auf engstem Raum vielleicht mitsamt ihren Haustieren. Auch am Schiffswasser in Hamburg-Bergedorf stieß man auf Siedlungsspuren. An der Fundstelle 10 im Helmstedter Braunkohlenrevier bei Schöningen in Nieder-sachsen kam 1985 ein 25 mal fast 5 Meter großer Hausgrundriss ans Tageslicht. Es ist der bisher größte Hausgrundriss der Schönfelder Kultur. Zur Siedlung gehörte vermutlich ein Palisadengraben, der auf 50 Meter Länge untersucht wurde.

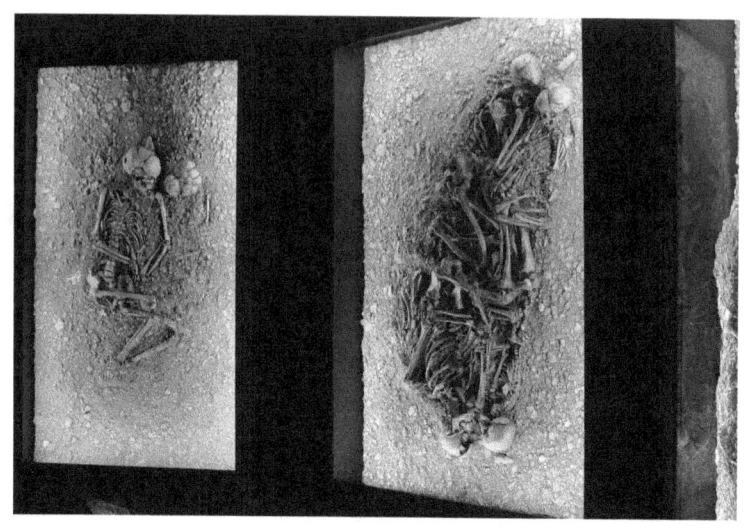

Eine der schnurkeramischen Mehrfachbestattungen von Eulau,
ein Ortsteil von Naumburg an der Saale (Burgenlandkreis)
in Sachsen-Anhalt),
bei denen Opfer eines Überfalls beerdigt wurden.
Die Mehrfachstattungen sind in der Dauerausstellung
des Landesmuseums für Vorgeschichte in Halle/Saale zu sehen.
Foto: Torsten Maue – https://www.flickr.com/photos/erwinrommel/
28316572889/in/album-72157693069935345/
CC BY-SA 2.0 (via Wikimedia Commons),
lizensiert unter Creative-Commons-Lizenz by-sa-2.0,
https://creativecommons.org/licenses/by-sa/2.0/legalcode

Spärliche Hinweise deuten darauf hin, dass Schönfelder Leute im Raum Magdeburg eine Befestigungsanlage errichtet haben könnten. Wenn dies zuträfe, spräche dies für die Furcht vor Angriffen und für die Fähigkeit, Großbauprojekte organisieren zu können.

Zur Zeit der Schönfelder Leute ging es nicht immer friedlich zu, wie ein Ereignis in Mitteldeutschland belegt. 2005 stießen Archäologen in Eulau unweit von Naumburg an der Saale in Sachsen-Anhalt auf Spuren eines Massakers um 2.500 v. Chr. In einem Kiestagebau fanden sie vier Gräber mit insgesamt 13 menschlichen Skeletten. Es waren zwei Männer, drei Frauen und acht Kinder, die durch Pfeilschüsse und Axthiebe ihr Leben verloren haben. Ihre Mörder kamen vermutlich, als das Gros der Männer ihr Dorf verlassen hatte. Nach der Hockerlage, der Blickrichtung und den Beigaben der Toten zu schließen, handelte es sich bei diesen um Schnurkeramiker. Querstehende Pfeilspitzen, die eine junge Mutter getötet hatten, sind typisch für die im nördlichen Mitteldeutschland verbreitete Schönfelder Kultur. Die Art und der Gehalt des Elements Strontium im Zahnschmelz der drei ermordeten Frauen unterschied sich von den Werten der umgebrachten Männer und Kinder. Anscheinend waren die Frauen nicht an der Saale, sondern im Harz aufgewachsen, wo sie von Schnurkeramikern entführt wurden. Aus dem Harz kamen die Mörder, die aus Rache, Wut und Neid handelten.

Die Schönfelder Ackerbauern säten und ernteten die Getreidearten Emmer und Gerste, von denen Abdrücke von Körnern auf Tongefäßen nachgewiesen werden konnten. Knochenreste vom Rind, Schaf, der Ziege und vom Schwein belegen die Viehzucht, Reste von Schuppen den Fischfang. Ungefähr die Hälfte der Haustiere bestand aus Rindern. Schafe und Ziegen machten rund ein Drittel aus. In Polkern, einem Ortsteil der

Berittener Krieger der Glockenbecher-Kultur
mit Pfeil und Bogen.
Zeichnung von Fritz Wendler (1941–1995)
für das Buch „Deutschland in der Steinzeit" (1991)
von Ernst Probst

Stadt Osterburg in der Altmark (Kreis Stendal) in Sachsen-Anhalt, stammten etwa 10 Prozent der Tierknochen von Hunden. Dort fanden ab Dezember 1949 Ausgrabungen statt. Skelettreste von Pferden sind bisher in Siedlungen und Gräbern der Schönfelder Kultur nicht geborgen worden. Solche kennt man aus älteren, gleichaltrigen und jüngen Kulturen der Jungsteinzeit in Deutschland. Nämlich der Trichterbecher-Kultut (etwa 4.300 bis 2.800 v. Chr., Fundort Ostorf in Mecklenburg-Vorpommern), Baalberger Kultur (etwa 4.200 bis 3.100 v. Chr., Fundort Alsleben bei Bernburg in Sachsen-Anhalt), Altheimer Kultur (etwa 3.900 bis 3.500 v. Chr., Fundorte Altenerding und Pestenacker in Bayern), Salzmünder Kultur (etwa 3.700 bis 3.200 v. Chr., Fundorte Peißen bei Bernburg und Salzmünde in Sachsen-Anhalt), Bernburger Kultur (etwa 3.200 bis 2.800 v. Chr., Fundorte Schalkenburg bei Quenstedt und Tangermünde in Sachsen-Anhalt, Schönstedt in Thüringen), Chamer Gruppe (etwa 3.200 bis 2.800 v. Chr., Fundorte Dobl und Galgenberg bei Kopfham in Bayern), Einzelgrab-Kultur (etwa 2.800 bis 2.300 v. Chr., Fundort Borgstedt in Schleswig-Holstein) und Glockenbecher-Kultur (etwa 2.500 bis 2.200 v. Chr., Fundorte Oberstimm bei Manching und Zuchering in Bayern). Archäozoologen halten alle Pferdereste vor 4.000 v. Chr. für Wildpferde. Erst für die Jahrhunderte um 3.000 v. Chr. rechnen sie mit domestizierten Pferden. In dem erwähnten Buch „Deutschland in der Steinzeit (1991) sind bewaffnete Reiterkrieger der Schnurkeramischen Kulturen (etwa 2.800 bis 2.300 v. Chr,.) und Glockenbecher-Kultur (etwa 2.500 bis 2.200 v. Chr.) abgebildet. Sie wurden von dem Künstler Fritz Wendler (1941–1995) geschaffen. Wenn man auf Schönfelder Fundstellen doch Pferdereste entdeckte, wüsste man nicht, ob diese von getöteten oder gefangenen Wildpferden, die als Fleischvorrat dienten, oder von Zug- und Reittieren stammten.

Erdal-Bilderreihe Nr. 116 Bild 1

*Bau eines Großsteingrabes zur Zeit
der Trichterbecher-Kultur (etwa 4.300 bis 2.800 v. Chr.).
Zeichnung von Gerhard Beuthner (1867–nach 1935),
veröffentlicht in dem Erdal-Bilderbuch
„Aus Deutschlands Vorzeit" (1937)
von Erich Lissner (1902–1980)*

Erdal-Bilderreihe Nr. 117 Bild 5

Mit Pfeil und Bogen bewaffnete Krieger
der Glockenbecher-Kultur.
Zeichnung von Gerhard Beuthner (1867–nach 1935),
veröffentlicht in dem Erdal-Bilderbuch
„Aus Deutschlands Vorzeit" (1937)
von Erich Lissner (1902–1980)

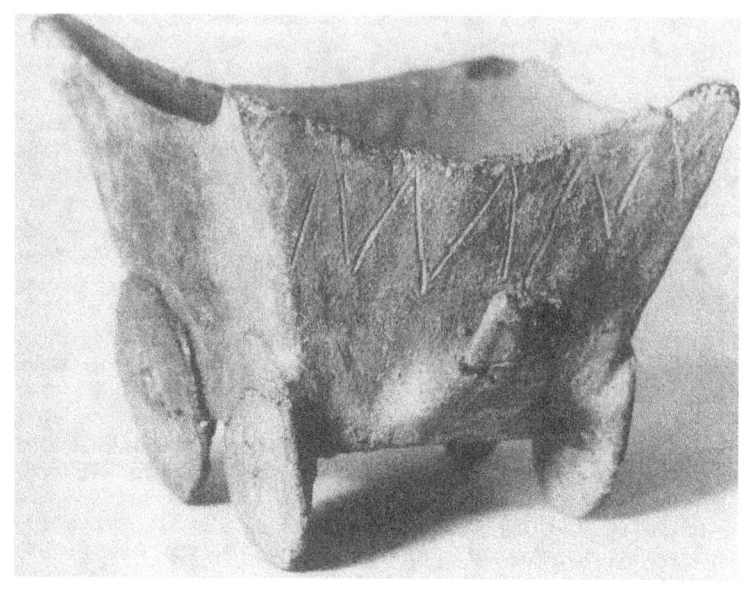

*Aus Ton geformtes Wagenmodell
der Badener Kultur (etwa 3.600 bis 2.900 v. Chr.)
von Budakalász in Ungarn.
Foto: Römisch-Germanisches Zentralmuseum Mainz
(mit freundlicheer Genehmigung
des Ferency Károly Museum Szentendre, Ungarn)*

Auch Hinweise auf die Verwendung von Karren oder Wagen, vor die man Rinder als Zugtiere spannte, liegen nicht vor. Man stieß weder auf Reste von Karren, Wagen oder Scheibenrädern und auch nicht auf tönerne Wagenmodelle, die Kinderspielzeuge gewesen sein könnten. Reste von Wasserfahrzeugen – wie Einbäume oder Boote – sind ebenfalls nicht bekannt. Besonders typische Schmuckstücke der Schönfelder Kultur waren gestielte Knochenanhänger mit einem ring-, anker- oder plattenförmigen Ende. Sie wurden als Amulett an einer Halskette getragen. In Dangenstorf und Lübeln (Kreis Lüchow-Dannenberg) in Niedersachsen waren Knochenanhänger und -perlen in ganzen Ketten vereint. Dem früher in Halle/Saale wirkenden Prähistoriker Hermann Behrens fiel 1970 auf, dass diese Knochenanhänger kupferzeitlichen Goldringen aus Ungarn ähneln. Vielleicht ahmten die Schönfelder Leute, die in ihrem Verbreitungsgebiet kaum über Metall verfügten, die begehrten Modegegenstände aus dem höher entwickelten Südosteuropa nach. Möglicherweise war Metallschmuck der Bodrogkeresztúr-Kultur (etwa 3.500 bis 2.800 v. Chr) ihr Vorbild. Nach einer anderen Deutung könnte es sich bei den gestielten Knochenanhängern um stilisierte Frauendarstellungen handeln, die von Vorformen aus dem Balkan abzuleiten wären.

Als Schmuck wurden außerdem durchbohrte Tierzähne, Kieferhälften mancher Tiere, knöcherne Perlen und Nadeln geschätzt. Am bereits erwähnten Fundort Polkern in Sachsen-Anhalt hat man zwei an der Wurzel durchbohrte Reißzähne von Hunden geborgen, die einst als Anhänger dienten. Dort kam auch der rechte Unterkieferast eines Baummarders mit dem Rest einer Durchbohrung zum Vorschein, der ebenfalls als Anhänger betrachtet wird. Zum Fundgut von Gerwisch gehörten eine Knochennadel mit durchbohrter rechteckiger

Verzierte Schale der Schönfelder Kultur aus Krielow in Brandenburg.
Original im Museum für Vor- und Frühgeschichte, Berlin.
Foto: Einsamer Schütze / CC BY-SA 3.0
(via Wikimedia Commons),
lizensiert unter Creative-Commons-Lizenz by-sa-3.0-en,
https://creativecommons.org/licenses/by-sa/3.0/legalcode

Kopfscheibe und Schaftfragmente weiterer Nadeln. Der Prähistoriker Ulrich Fischer (1915–2005) vermutete, diese Knochennadeln seien von Schnurkeramikern importiert worden.

Im Gegensatz zu den Schnurkeramikern, Einzelgrab- und Glockenbecher-Leuten haben die Menschen der Schönfelder Kultur keine monumentalen Kunstwerke in Form von verzierten steinernen Stelen geschaffen. Manche ihrer Tongefäße besitzen jedoch den Charakter von Kunstwerken. Dabei handelt es sich um Schalen, an deren Rand zwei Ösen auffällig nahe nebeneinander angebracht sind und deren Boden ungewöhnlich dekorativ verziert ist.

Solche Schalen wurden offenbar mittels durch die Ösen gezogener Schnüre als Wandschmuck im Haus aufgehängt, und zwar so, dass der geschmückte Boden sichtbar war. Die Bodenmuster in Form von konzentrischen Kreisen und manchmal davon ausgehenden Strahlenbündeln waren vielleicht als Symbol der Sonne gedacht. Nach der 1950 vertretenen Ansicht des Weimarer Prähistorikers Günter Behm-Blancke[4] (1912–1994) sollte jede dieser merkwürdigen Schönfelder Schalen die Sonne darstellen.

Aus Gräbern der Schnurkeramiker und der Einzelgrab-Leute sind prächtige Schönfelder Schalen bekannt. Deren Verbreitung reicht bis in das Gebiet von Böhmen im Südwesten und bis zur Gegend von Hamburg im Norden.

Als Teil eines Kunstwerkes wird auch eine Tonscherbe aus Klein Ammensleben (Kreis Börde) in Sachsen-Anhalt angesehen. Sie enthält ein Motiv, das als Umriss eines Tieres (vielleicht ein Rind) deutbar und mit hängenden Furchenstrichbögen verziert ist.

Bruchstücke von Tontrommeln, die einst mit Tierhaut überzogen waren, verweisen darauf, dass die Schönfelder Leute bei

Weimarer Prähistoriker Günter Behm-Blancke (1912–1994).
Foto: Privatarchiv von Sonja Behm-Blancke
(via Wikimedia Commons),
Lizenz: gemeinfrei (Public domain)

Tontrommel der Schönfelder Kultur
aus den Gemarkung Aspenstedt (Kreis Harz)
in Sachsen-Anhalt.
Höhe 33 Zentimeter,
Durchmesser der oberen Öffnung 18,5 Zentimeter.
Original im Städtischen Museum Halberstadt.
Foto: Städtisches Museum Halberstadt

Tongefäß der Schönfelder Kultur aus Milow (heute Kreis Havelland) in Brandenburg.
Foto: Gregor Rom / CC BY-SA 4.0 (via Wikimedia Commons), lizensiert unter Creative-Commons-Lizenz by-sa-4.0, https://creativecommons.org/licenses/by-sa/4.0/legalcode

bestimmten Gelegenheiten musizierten und tanzten. Zertrümmerte Tontrommeln sind in Aspenstedt (Kreis Harz), Gerwisch (Kreis Jerichower Land), Klein Möringen (Kreis Stendal), Polkern (Kreis Stendal) und Wahlitz (Kreis Jerichower Land) nachgewiesen, alle in Sachsen-Anhalt gelegen. In Klein Möringen befanden sich etwa 1 Meter vom bekannten Dreischalengrab entfernt zwei zertrümmerte Tontrommeln, die unzerschlagen etwa 35 Zentimeter hoch gewesen wären. Ein dritte zertrümmerte Tontrommel lag in Grab 19 von Klein Möringen.

Für die Schönfelder Kultur waren die schon beschriebenen Schalen mit zwei Henkelösen und Bodenverzierung kennzeichnend und am häufigsten, während in gleichzeitigen Kulturen die Becher vorherrschten. Als zweitwichtigste Charakterform unter den Tongefäßen gelten Becher mit zwei asymmetrisch angebrachten Henkelösen. Offenbar hängte man auch diese an Schnüren auf. Merklich seltener gab es Amphoren mit niedrigem Hals und ohne Hals sowie Füßchenschalen.

Die Schönfelder Keramik wurde vor allem mit Stichen (darunter der sogenannte Pfeilstich) und kurzen Strichen verziert. Beliebte Verzierungsmotive waren Zickzacklinien, gefüllte Zickzackbänder und Furchenstichlinien. Als Einzelmuster tauchte mitunter das Kreuz auf. Besonders schön wirken einige Schalen mit asymmetrisch angeordneten, aus gefüllten Bändern konstruierten Ornamentkompositionen.

Bei der Herstellung von Werkzeugen und Waffen bevorzugte man Feuerstein (Flint) als Rohstoff. Kleine vierkantige Feuersteinbeilklingen und Querpfeilspitzen kamen in der Schönfelder Nordgruppe vor. Lanzettförmige Pfeilspitzen waren für die Ammenslebener Gruppe typisch. Zu den Werkzeugen gehörten unter anderem Feuersteinklingen über 10 Zentimeter Länge sowie dünn- und dickblattige Feuersteinbeile. Seltener fand man

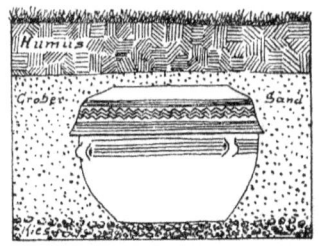

Groß Ammensleben 9

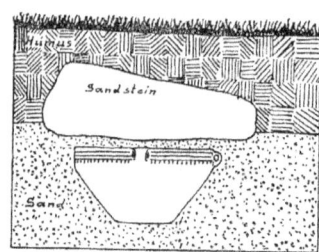

Westerhausen

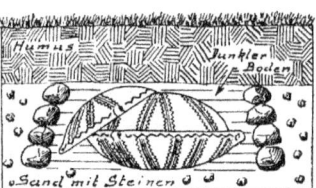

Klein Möringen 2

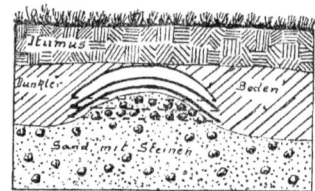

Klein Möringen 2

Brandbestattungen der Schönfelder Kultur in Brandenburg.
Zeichnungen aus Waltraut Bohm:
Die Vorgeschichte des Kreises Westprignitz, Leipzig 1937

durchbohrte Äxte aus Felsgestein, die mit einem Holzschaft versehen waren und als schnurkeramische Importe gelten. Womöglich waren die Einzelfunde von Streitäxten aus der Einzelgrab-Kultur entlehnt. Trapez- und lanzettförmige Pfeilspitzen aus Feuerstein belegen die Verwendung von Pfeil und Bogen als Fernwaffe. Damit dürfte man vor allem schnellfüßiges Wild erlegt haben. Doch auch lebende Menschen waren vor dieser Waffe nicht sicher, wie das erwähnte Massaker von Eulau beweist.

Die Angehörigen der Schönfelder Kultur haben im Gegensatz zu allen benachbarten Kulturen ihre Toten ausschließlich verbrannt. Damit grenzten sich die Schönfelder Leute bewusst von den Menschen anderer Kulturen ab, bei denen die Brandbestattung nur eine untergeordnete Rolle spielte. Man äscherte den Leichnam mitsamt Beigaben – wie Werkzeugen, Waffen, Schmuckstücken und Speisen – auf einem Scheiterhaufen ein. Danach wurde der Leichenbrand meist in tönernen Schalen, aber auch in anderen Gefäßen, abgedeckt oder offen und manchmal außerhalb der Schale beigesetzt. Die Bestattung erfolgte überwiegend in nur 30 bis 60 Zentimeter tiefen Flachgräbern, gelegentlich jedoch in Großsteingräbern früherer Kulturen. Oft werden die in geringer Tiefe befindlichen Flachgräber auf Äckern vom Pflug erfasst. Anreicherungen von Scherben über Gräbern könnten von Opferhandlungen stammen. An den seit langer Zeit bekannten Fundstellen Lübeln und Dangenstorf (beide Kreis Lüchow-Dannenberg) in Niedersachsen standen einst möglicherweise Totenhütten. Von den Siedlungen waren die Gräber der Schönfelder Kultur höchstens wenige hundert Meter entfernt.

Die auffällig von den Normen jener Zeit abweichende Sitte der Brandbestattung ist nach Ansicht mancher Prähistoriker unter Fremdeinfluss entstanden, weil es keine erkennbaren

Eine neue spätneolithische Kultur aus der Altmark[1])

Von P. Kupka

Bevor ich das Neue bespreche, das ich heute vorlegen will, scheint es angebracht, einen Blick auf Altbekanntes zu werfen, wenigstens soweit es das Neue herauszuheben vermag.

Die spätneolithischen, durch geschliffene Steinbeile ausgezeichneten Kulturen Zentraleuropas zerfallen nach der Form und besonders nach der Verzierungsweise ihrer Topfware in drei grosse Gruppen. Es sind dies die bandverzierte Gefässe führende S ü d k u l t u r , die im Norden beheimatete M e g a l i t h g r ä b e r k u l t u r mit ihrer hauptsächlich stichverzierten Tonware und schliesslich die Gruppe der S c h n u r k e r a m i k , die sich in ganz Zentraleuropa, Oberitalien, Ungarn, Russland, Holland und Frankreich zum Teil sporadisch findet.

Die B a n d k e r a m i k, die in Deutschland von Schlesien bis zum Rheinlande, in ihrer weiteren Verbreitung nach M. Verworn[2]) aber im Osten bis Japan, im Westen bis Portugal auftritt, hat für die Altmark nur geringe unmittelbare Geltung. Obgleich die sie begleitenden schuhleistenförmigen Beilformen mehrfach in die Sammlungen gelangt sind, haben sich Reste bandverzierter Tonware bisher nur sehr spärlich gefunden. Wegner[3]) brachte eine Anzahl bandkeramischer Scherben aus der Gegend von Neuhaldensleben bei, während C. Hartwich[4]) Proben dieser eigenartigen Töpferkunst von

1) Vortrag, gehalten in der präh. Fachsitzung am 4. Mai 1910.
2) Korrespondenzbl. d. Deutschen Ges. f. Anthrop., XLI. Jahrg., 1910, S. 37.
3) Zeitschr. f. Ethnol., Bd. XXX (1898), S. 594.
4) 27. Jahresber. d. Altmärk. Vereins f. vaterländ. Gesch. zu Salzwedel, 1900, S. 153, und

Artikel „Eine neue spätneolithische Kultur aus der Altmark"
von Paul Kupka (1866–1949)
in der „Prähistorischen Zeitschrift" von 1910

Vorstufen gab. Bei den Brandbestattungen der Schönfelder Kultur in Tongefäßen handelte es sich um die ersten Urnengräber in der mitteldeutschen Jungsteinzeit!

Auch die Beigaben, mit denen man Verstorbene versah, wurden – nach den Brandspuren zu schließen – meist mit auf den Scheiterhaufen gelegt. Pfeil und Bogen, Feuersteinbeile und -messer gab man verstorbenen Männern mit auf die letzte Reise. Von den hölzernen Bögen und Pfeilschäften, mit denen man tote Männner für das Jenseits ausstattete, blieben nach der Einäscherung nur die steinernen Pfeilspitzen erhalten. Gestielte Knochenanhänger lagen offenbar in Frauengräbern. In einem Ammenslebener Kindergrab traf man allerdings Ringanhänger und eine kleine Streitaxt zusammen an.

Das Gräberfeld von Schönfeld in Sachsen-Anhalt, dem namengebenden Fundort der Schönfelder Kultur wurde – wie erwähnt – bereits 1905 von dem Prähistoriker Paul Kupka erforscht. Er konnte insgesamt 23 Brandgräber freilegen und Keramik- sowie Schmuckbeigaben bergen. Noch größere Friedhöfe der Schönfelder Kultur wurden in Klein Möringen[5] (Kreis Stendal) und bei Wahlitz[6] (Kreis Jerichower Land) entdeckt, beide in Sachsen-Anhalt gelegen.

In Klein Möringen, heute ein Ortsteil der Hansestadt Stendal, stellte man 40 Brandgräber fest. Grab 27 mit einem Durchmesser von etwa einem halben Meter wird als Dreischalengrab bezeichnet, weil es drei tönerne verzierte Schalen der Schönfelder Kultur enthielt. Eine Schale diente als Urne für den Leichenbrand und wurde von einer zweiten Schale bedeckt. Seitlich war eine dritte Schale angelehnt. Das Dekor dieser 1930 entdeckten drei Schalen wird als aufgehende Sonne gedeutet. Auf dem Taubenberg bei Wahlitz hat man 44 fast ebenerdig angelegte Brandgräber vollständig oder teilweise untersucht. Die dazugehörige Siedlung befand sich vermutlich am Hang

Schädeloperation (Trepanation)
der Walternienburg-Bernburger Kultur (etwa 3.200 bis 2.800 v. Chr.).
Zeichnung von Fritz Wendler (1941–1995)
für das Buch „Deutschland in der Steinzeit" (1991)
von Ernst Probst

des Taubenberges. 1950 fungierte der Prähistoriker Paul Grimm (1907–1993) als Grabungsleiter, von 1951 bis 1955 der Archäologe Theodor Voigt. Die Grabungen auf dem Taubenberg von 1950 bis 1955 lockten schätzungsweise 100.000 Besucher/innen an. Der Archäologe Friedrich Schlette (1915–2003) aus Halle/Saale lernte dort die Bürgermeisterin von Wahlitz, Gertrud Laupichler, als „Frau fürs Leben" kennen. Der Begriff Taubenberg fußt vermutlich darauf, dass dessen Fläche für Ackerbau ungeeignet, also „taub" ist.

Nur wenige Aussagen über die Körpergröße und Krankheiten der Schönfelder Leute erlauben deren Brandbestattungen. An Schädelfragmenten aus einer Brandbestattung von Polkern in der Altmark (Kreis Stendal) in Sachsen-Anhalt kann man Spuren einer Schädeloperation (Trepanation) erkennen. Der betreffende Mensch hat diesen Eingriff nicht überlebt. Eine Operation, die der Patient nicht oder nur wenige Tage überlebte, zeigt keine Heilungsreaktionen.

Schädeloperationen wurden auch von Medizinmännern anderer Kulturen der Jungsteinzeit gewagt. Die meisten gelungenen Schädeloperationen der Jungsteinzeit (etwa 5.500 bis 2.000 v. Chr.) in Mitteleuropa erfolgten zur Zeit der Trichterbecher-Kultur (etwa 4.300 bis 2.800 v. Chr.), der Walternienburg-Bernburger Kultur (etwa 3.200 bis 2.800 v. Chr.) und der Schnurkeramischen Kulturen (etwa 2.800 bis 2.300 v. Chr.). Die von Medizinmännern der Walternienburg-Bernburger Kultur vorgenommenen Schädeloperationen sind – nach den Funden mit verheilten Wundrändern zu schließen – etwa zu 90 Prozent gelungen. Zu solchen Eingriffen entschloss man sich bei schweren Krankheiten oder bei Schädelverletzungen. Damit der Patient die Schmerzen besser ertragen konnte, dürfte man ihm ein berauschendes Getränk gegeben haben.

Anhaltspunkte dafür, dass die Religion der Schönfelder Leute mit Vorstellungen verbunden gewesen sein dürfte, in denen die Sonne und das Feuer eine wichtige Rolle spielten, liefern sonnenähnliche Motive auf den Böden der Schönfelder Schalen sowie die ungewöhnliche Sitte der Brandbestattungen. Fälle von Menschenopfern – wie bei den Schnurkeramischen Kulturen vermutet – sind bisher nicht bekannt.

Anmerkungen

1] Paul Kupka wurde am 2. September 1866 in Guben geboren und starb am 27. April 1949 in Stendal. Er wirkte von 1899 bis 1931 als Gymnasialprofessor in Stendal. Außerdem war er Leiter und wissenschaftlicher Berater des dortigen Museums und Begründer der „Stendaler Beiträge zur Geschichte, Landes- und Volkskunde der Altmark". Kupkas Interesse galt den jungsteinzeitlichen Kulturen, über die er zahlreiche Aufsätze verfasste. Auf ihn geht der Begriff Schönfelder Kultur zurück, den er 1910 prägte.

2] Die in einer Talsanddüne am ehemaligen Ufer der Elbe bei Randau geborgenen Reste eines Pfostenhauses wurden 1941 durch den Buchdruckereibesitzer und Bodendenkmalpfleger Hans Lies (1900–1981) gesichert und verschiedenen Museen übergeben. Lies galt als einer der tüchtigsten und wissenschaftlich qualifiziertesten Helfer im Bezirk Magdeburg. In Anerkennung seiner Verdienste in der Bodendenkmalpflege wurde er mit der Leibniz-Medaille der Akademie der Wissenschaften ausgezeichnet.

3] Bereits 1898 entdeckte der legendäre und vielleicht sogar fiktive tschechische Forscher, Schriftsteller und Gynäkologe Jára Cimrman, dessen Geburts- und Todesjahr nicht bekannt sind, in Randau erstmals Spuren steinzeitlicher Siedlungsreste. Bald danach regte er die Errichtung eines Steinzeitdorfes an. Seine Idee wurde vom 2001 gegründeten Förderverein Randau gemeinsam mit der Hobby-Archäologin Inge Pawelczyk rund 100 Jahre später verwirklicht. Das Freilichtmuseum am Nordrand von Randau im Magdeburger Stadtteil Randau-Calenberge konnte – unterstützt durch kommunale Arbeitsbeschaffungs-Maßnahmen und freiwillige Helfer – 2003 eröffnet werden.

Auf dem zwei Hektar großen Gelände sind heute außer einem mehr als 20 Meter langen Pfostenhaus der Schönfelder Kultur auch ein Langhaus der Linienbandkeramischen Kultur (etwa 5.500 bis 4.900 v. Chr.), ein frühmittalterliches Grubenhaus und ein Palisadenzaun, Gehölze und Nutzpflanzen der Jungsteinzeit sowie Werkzeuge, Waffen und Hausrat der jeweiligen Epoche zu sehen.

4] Der Hochschullehrer Günter Behm-Blancke (1912–1994) war von 1947 bis 1977 Direktor des Museums für Ur- und Frühgeschichte Thüringens in Weimar. Als eines seiner größten Verdienste gilt, dass er in Vorträgen und bei Gesprächen auch einfachen Menschen die archäologische Tätigkeit und die daraus resultierenden Ergebnisse interessant und lebhaft vermitteln konnte.

5] Mitte der 1920er Jahre entdeckten jugendliche Mitglieder des Bundes Wandervogel bei Klein Möringen einige Tonscherben. Sie zeigten diese dem Gymnasiallehrer und Prähistoriker Paul Kupka (siehe Anmerkung 1) am Stendal, der eine Nachgrabung vornahm, bei der nur wenige Funde geborgen wurden. Mehr Erfolg hatte ein Arbeitsloser aus Klein Möringen, der illegal zahlreiche Keramikreste ausgrub, die er an das Provinzialmuseum in Halle/Saale abgab. Diese wurden 1937 von dem damals in Halle/Saale wirkenden Prähistoriker Walter Nowothnig (1907–1971) beschrieben.

6] In dem infolge Windbruchschäden gerodeten Wald auf dem Taubenberg bei Wahlitz entdeckten die ehrenamtlichen Bodendenkmalpfleger Hans Lies (siehe Anmerkung 2) und Ernst Ebert (1899–1978), beide aus Magdeburg, im Winter 1948 zahlreiche Tonscherben. Daraufhin unternahmen sie dort 1949/50 erste Grabungen. 1950 bis 1955 setzte das Landesmuseum Halle/Saale die Grabungen fort.

Literatur

BEHM, Günter: Die Schalenverzierungen der Schönfelder Gruppe. Ein Versuch ihrer Deutung. In: Jahresschrift für mitteldeutsche Vorgeschichte 34, S. 32–55, Halle/Saale 1950.

BEHRENS, Hermann: Schönfelder Kultur, Aunjetitzer Kultur und Schnurkeramik. In: Jahresschrift für mitteldeutsche Vorgeschichte 55, S. 135–155, Halle/Saale 1971.

BENECKE, Norbert: Zu den Anfängen der Pferdehaltung in Eurasien. Aktuelle archäozoologische Beiträge aus drei Regionen. In: Ethngraphisch-Archäologische Zeitschrift 43, S. 187–226, Berlin 2002.

BOHM, Waltraud: Die Vorgeschichte des Kreises West-prignitz, Leipzig 1937.

BÖTTCHER, Gert / GOSCH, Gerhard: Eine Schönfelder Siedlung in Magdeburg--Neue Neustadt. In: Ausgrabungen und Funde 16, S. 14–17, Berlin 1971.

DÖHLE, Hans-Jürgen / SCUNKE, Torsten: Der erste neolithische Pferdeschädel Mitteldeutschlands- ein frühes Hauspferd? In: MELLER, Harald /FRIEDERICH, Susanne (Herausgeber): Salzmünde-Schiepzig – ein Ort, zwei Kulturen. Ausgrabungen in der Westumfahrung Halle (A 143), Teil 1, S. 257–261, Halle (Saale) 2014.

ENGEL, Carl: Die jungsteinzeitlichen Kulturen im Mittelelbegebiet. Dissertation (Teildruck), Tübingen 1933.

FISCHER, Ulrich: Schönfeld. In: FISCHER, Ulrich: Die Gräber der Steinzeit im Saalegebiet. Studien über neolithische und frühbronzezeitliche Gräber und Bestattungsformen in Sachsen-Thüringen. Reihe:

Vorgeschichtliche Forschungen 15, S. 144–148, Berlin 1956.
GRIMM, Hans: Anthropologische Ergebnisse der
Untersuchung von Leichenbrandresten der Schönfelder,
Einzelgrab- und Kugelamphorenkultur. In: Jahresschrift für
mitteldeutsche Vorgeschichte 58, S. 265–274, Halle/Saale
1974.
HISTORISCHES LEXIKON BRANDENBURGS
(brandenburgikon Landesgeschichte online): Fischbecker
Gruppe (um 3200–2700 v. Chr.), Schönfelder Kultur
(Nordgruppe) (2800/2700–2200 v. Chr.), Ammenslebener
Gruppe (2600/2500–2200 v. Chr.)
http://www.brandenburgikon.net/index.php/de/
sachlexikon/schoenfelder-kultur
JAZDZEWSKI, Konrad: Die Schönfelder Kultur. In:
Urgeschichte Mitteleuropas, S. 194–195, Wrozlaw, Warszawa,
Kraków, Gdansk, Lódz 1984.
KIRSCH, Friedemann. Zwei Brandgräber der Schönfelder
Kultur bei Arneburg, Ldkr. Stendal. In: Ausgrabungen und
Funde 39, S. 184–188, Berlin 1984.
KRAUSE, Paul / GAHRAU-ROTHERT, Liebetraut: Ein
jungsteinzeitliches Haus der Schönfelder Gruppe von
Brandenburg (Havel)-Neuendorf. In: Nachrichtenblatt für
Deutsche Vorzeit 17, S. 193–197, Berlin 1941.
KUPKA, Paul: Eine neue spätneolithische Kultur aus der
Altmark. In: Prähistorische Zeitschrift 2, S. 45– 50, Berlin
1910.
KUPKA, Paul: Neue aufschlußreiche Schönfelder Gräber
von Kleinmöringen i. Kr. StendaL In: Beiträge zur
Geschichte und zur Landes- und Volkskunde der Altmark,
S. 139–167, Stendal 1959.
LANDESMUSEUM FÜR VORGESCHICHTE HALLE:
Schönfelder Kultur (ca. 2.800–2.200 v. Chr.)

https://st.museum-digital.de/
index.php?t=sammlung&instnr=1&gesusa=748
LANGER, Manuela: Als Wahlitz 100.000 Besucher zählte.
Aus: Volksstimme, 10. Juli 2020, Magdeburg.
LIDKE, Gundula: Untersuchungen zur Bedeutung von
Gewalt und Aggression im Neolithikum Deutschlands unter
besonderer Berücksichtigung Norddeutschlands,
Dissertation, Greifswald 2005.
LIES, Hans: Ausgrabung eines Wohnhauses der
jungsteinzeitlichen Schönfelder Gruppe in Randau bei
Magdeburg. In: Nachrichtenblatt für Deutsche Vorzeit 18,
S. 12–15, Leipzig 1942.
LIES, Hans: Eine Totenhütte der Schönfelder Kultur mit
Brandbestattung von Gerwisch, Kreis Burg. In:
Ausgrabungen und Funde 14, S. 23–27, Berlin 1969.
MUHL, Arnold / MELLER, Harald / HECKENHAHN,
Klaus: Tatort Eulau. Ein 4500 Jahre altes Verbrechen wird
aufgeklärt, Stuttgart 2010.
NEUMANN, Gotthard: Alfred Götze: Paul Lorenz Kupka.
In: Jahresschrift für mitteldeutsche Vorgeschichte 34,
S. 191–203, Halle/Saale 1950.
NOWOTHNIG, Walter: Die Schönfelder Gruppe. Ihr
Wesen als Aussonderung der sächsisch-thüringischen
Schnurkeramik und ihre Verbreitung. In: Jahresschrift für die
Vorgeschichte der sächsisch-thüringischen Länder 25: Zur
Jungsteinzeit Mitteldeutschlands, S. 1–123, Halle/Saale 1937.
PÖTZSCH, Sebastian: Landkreis Börde: Archäologen
finden Reste alter Siedlungen. In: Volksstimme, 7. August
2010, Magdeburg.
SCHNEIDER, Johannes: Hans Lies, Magdeburg, 80 Jahre
(mit Schriftenverzeichnis). In: Jahresschrift für
mitteldeutsche Vorgeschichte 65, S. 17–21, Halle 1982.

SCHNEIDER, Johannes: Zur Frühgeschichte von Rogätz, Kreis Wolmirstedt. Neue Funde der Schönfelder Kultur, der jüngeren Bronzezeit und des Mittelalters im Mittelberggebiet. In: Kreismuseum Wolmirstedt (Herausgeber): Wolmirstedter Beiträge, Band 67, S. 48–72, Kreismuseum Wolmirstedt, Haldensleben 1984.

SCHWARZBERG, Heiner: Schönfelder Kultur. In: BEIER, Hans Jürgen / EINICKE, Ralph (Herausgeber): Das Neolithikum im Mittelelbe-Saale-Gebiet und in der Altmark. Eine Übersicht und ein Abriß zum Stand der Forschung. In: Beiträge zur Ur-und Frühgeschichte Mitteleuropas 4, S. 243–255, Langenweißbach 1994.

SCHWEEN, Joachim: Eine neolithische Siedlung mit Funden der Trichterbecherkultur, Schönfelder Kultur und Einzelgrabkultur/Glockenbecherkultur am Schiffswasser in Hamburg-Bergedorf. In: Helms Museum Hamburg (Herausgeber): Hammaburg, Neue Folge 13, S. 31–49, Neumünster 2003.

STEINER, Ute: Registerband für die Jahrgänge 1–25. In: Ausgrabungen und Funde, Berlin 1983.

STEINZEITDORF IN RANDAU: www.steinzeitdorf-randau.de

TEICHERT, Lothar: Zu Haus- und Wildtierfunden aus Siedlungen und Gräberfeldern der Schönfelder Gruppe im Raum der D.D.R. In: Archaeozoological Studies, S. 206–212, Amsterdam 1975.

WETZEL, Günter. Eine Schädeltrepanation der Schönfelder Gruppe von Polkern, Kreis Osterburg, In: Ausgrabungen und Funde 18, S. 27–30, Berlin 1973.

WETZEL, Günter: Die Schönfelder Kultur, Berlin 1979.

WIKIPEDIA (Online-Lexikon): Familiengräber von Eulau. https://de.wikipedia.org/wiki/

Familiengr%C3%A4ber_von_Eulau

WIKIPEDIA (Online-Lexikon). Schönfelder Kultur.
https://de.wikipedia.org/wiki/Schönfelder_Kultur

WIKIPEDIA (Online-Lexikon): Steinzeitdorf Randau.
https://de.wikipedia.org/wiki/Steinzeitdorf_Randau

Autor Ernst Probst.
Foto: Klaus Benz, Fotograf, Mainz-Laubenheim

Der Autor

Ernst Probst, geboren am 20. Januar 1946 in Neunburg vorm Wald im bayerischen Regierungsbezirk Oberpfalz, ist Journalist und Wissenschaftsautor. Er arbeitete von 1968 bis 1971 bei den „Nürnberger Nachrichten", von 1971 bis 1973 in der Zentralredaktion des „Ring Nordbayerischer Tageszeitungen" in Bayreuth und von 1973 bis 2001 bei der „Allgemeinen Zeitung", Mainz. In seiner Freizeit schrieb er Artikel für die „Frankfurter Allgemeine Zeitung", „Süddeutsche Zeitung", „Die Welt", „Frankfurter Rundschau", „Neue Zürcher Zeitung", „Tages-Anzeiger", Zürich, „Salzburger Nachrichten", „Die Zeit", „Rheinischer Merkur", „Deutsches Allgemeines Sonntagsblatt", „bild der wissenschaft", „kosmos", „Deutsche Presse-Agentur" (dpa), „Associated Press" (AP) und den „Deutschen Forschungsdienst" (df). Aus seiner Feder stammen die Bücher „Deutschland in der Urzeit" (1986), „Deutschland in der Steinzeit" (1991), „Rekorde der Urzeit" (1992), „Dinosaurier in Deutschland" (1993 zusammen mit Raymund Windolf) und „Deutschland in der Bronzezeit" (1996). Von 2001 bis 2006 betätigte sich Ernst Probst als Buchverleger sowie zeitweise als internationaler Fossilienhändler und Antiquitätenhändler. Insgesamt veröffentlichte er mehr als 300 Bücher, Taschenbücher, Broschüren und über 300 E-Books.

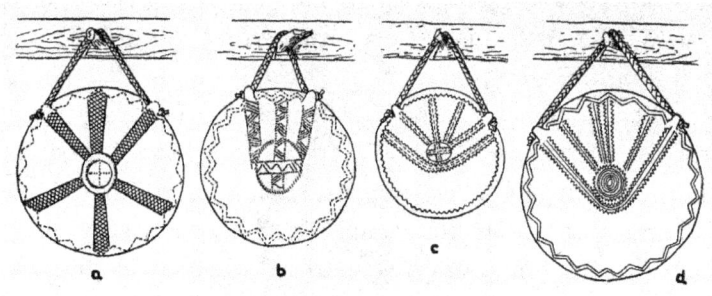

Mit Sonnenmotiv verzierte Schalen der Schönfelder Kultur.
Zeichnungen aus Günter Behm (seit 1953 Günter Behm-Blancke):
Die Schalenverzierungen der Schönfelder Gruppe.
In: Jahresschrift für mitteldeutsche Vorgeschichte (1950)

Bücher von Ernst Probst

(Auswahl)

Als Mainz im Meer lag
Als Mainz noch nicht am Rhein lag
Das Mammut- Mit Zeichnungen von Shuhei Tamura
Der Europäische Jaguar
Der Mosbacher Löwe. Die riesige Raubkatze aus Wiesbaden
Der Rhein-Elefant. Das Schreckenstier von Eppelsheim
Der Ur-Rhein. Rheinhessen vor zehn Millionen Jahren
Deutschland im Eiszeitalter
Deutschland in der Frühbronzezeit
Deutschland in der Mittelbronzezeit
Deutschland in der Spätbronzezeit
Die Aunjetitzer Kultur in Deutschland
Die Straubinger Kultur in Deutschland
Die Singener Gruppe
Die Arbon-Kultur in Deutschland
Die Ries-Gruppe und die Neckar-Gruppe
Die Adlerberg-Kultur
Der Sögel-Wohlde-Kreis
Die nordische Bronzezeit in Deutschland
Die Hügelgräber-Kultur in Deutschland
Die ältere Bronzezeit in Nordrhein-Westfalen
Die Bronzezeit in der Lüneburger Heide
Die Stader Gruppe
Die Oldenburg-emsländische Gruppe
Die Urnenfelder-Kultur in Deutschland
Die ältere Niederrheinische Grabhügel-Kultur
Die Unstrut-Gruppe

Dmitry Bogdanav und Nobu Tamura
Rekorde der Urmenschen. Erfindungen, Kunst und Religion
Rekorde der Urzeit. Landschaften, Pflanzen und Tiere
Säbelzahnkatzen. Von Machairodus bis zu Smilodon
Säbelzahntiger am Ur-Rhein. Machairodus und
Paramachairodus
Was ist ein Menhir? Interview mit dem Mainzer
Archäologen Dr. Detert Zylmann
Wer ist der kleinste Dinosaurier? Interviews mit dem
Wissenschaftsautor Ernst Probst
Wer war der Stammvater der Insekten? Interview mit dem
Stuttgarter Biologen und Paläontologen Dr. Günther Bechly
6000 Jahre Kastel. Von der Steinzeit bis zum 21. Jahrhundert
5000 Jahre Kostheim. Von der Steinzeit bis zum 21.
Jahrhundert
Kastel in der Vorzeit. Von der Jungsteinzeit bis Christi
Geburt
Kostheim in der Vorzeit. Von der Jungsteinzeit bis Christi
Geburt
Wiesbaden in der SteinzeitAnno 1.000.000. Deutschland in
der älteren Altsteinzeit
Das Protoacheuléen. Eine Kulturstufe der Altsteinzeit vor etwa
1,2 Millionen bis 600.000 Jahren
Das Altacheuléen. Eine Kulturstufe der Altsteinzeit vor etwa
600.000 bis 350.000 Jahren
Das Jungacheuléen. Eine Kulturstufe der Altsteinzeit vor etwa
350.000 bis 150.000 Jahren
Das Spätacheuléen. Eine Kulturstufe der Altsteinzeit vor etwa
150.000 bis 100.000 Jahren
Die Lanze von Lehringen. Ein Jahrhundertfund aus der
Altsteinzeit
Das Moustérien – Die große Zeit der Neanderthaler

Die Mittelsteinzeit in Schleswig-Holstein, Mecklenburg und
im nördlichen Brandenburg
Die ersten Bauern in Deutschland. Die
Linienbandkeramische Kultur (5.500 bis 4.900 v. Chr.)
Die Ertebölle-Ellerbek-Kultur. Eine Kultur der Jungsteinzeit
vor etwa 5.000 bis 4.300 v. Chr.
Die Stichbandkeramik. Eine Kultur der Jungsteinzeit vor
etwa 4.900 bis 4.500 v. Chr.
Die Oberlauterbacher Gruppe. Eine Kulturstufe der
Jungsteinzeit vor etwa 4.900 bis 4.500 v. Chr.
Die Hinkelstein-Gruppe. Eine Kulturstufe der Jungsteinzeit
vor etwa 4.900 bis 4.800 v. Chr.
Die Rössener Kultur. Eine Kultur der Jungsteinzeit vor etwa
4.600 bis 4.300 v. Chr.
Die Kupferzeit. Wie die ersten Metalle in Mitteleuropa
bekannt wurden
Die Michelsberger Kultur. Eine Kultur der Jungsteinzeit vor
etwa 4.300 bis 3.500 v. Chr.
Das Rätsel der Großsteingräber. Die nordwestdeutsche
Trichterbecher-Kultur vor etwa 4.300 bis 3.000 v. Chr.
Die Baalberger Kultur. Eine Kultur der Jungsteinzeit vor
etwa 4.300 bis 3.700 v. Chr.
Pfahlbauten in Süddeutschland. Dörfer der Jungsteinzeit und
Bronzezeit an Seen, Mooren und Flüssen
Die Altheimer Kultur / Die Pollinger Gruppe. Zwei
Kulturen der Jungsteinzeit vor etwa 3.900 bis 3.500 v. Chr.
Die Salzmünder Kultur. Eine Kultur der Jungsteinzeit vor
etwa 3.700 bis 3.200 v. Chr.
Die Chamer Gruppe. Eine Kulturstufe der Jungsteinzeit vor
etwa 3.500 bis 2.800 v. Chr.
Die Wartberg-Kultur. Eine Kultur der Jungsteinzeit vor etwa

3.500 bis 2.800 v. Chr.

Die Walternienburg-Bernburger Kultur. Eine Kultur der Jungsteinzeit vor etwa 3.200 bis 2.800 v. Chr.

Die Kugelamphoren-Kultur. Eine Kultur der Jungsteinzeit vor etwa 3.100 bis 2.700 v. Chr.

Die Schnurkeramischen Kulturen. Kulturen der Jungsteinzeit von etwa 2.800 bis 2.400 v. Chr.

Die Einzelgrab-Kultur. Eine Kultur der Jungsteinzeit vor etwa 2.800 bis 2.300 v. Chr.

Die Schönfelder Kultur. Eine Kultur der Jungsteinzeit vor etwa 2.800 bis 2.200 v. Chr.

Die Glockenbecher-Kultur. Eine Kultur der Jungsteinzeit vor etwa 2.500 bis 2.200 v. Chr.

Die ersten Bauern in Österreich. Die Linienbandkeramische Kultur vor etwa 5.500 bis 4.900 v. Chr.

Die Lengyel-Kultur in Österreich. Eine Kultur der Jungsteinzeit vor etwa 4.900 bis 4.400 v. Chr.

Die Mondsee-Gruppe. Eine Kulturstufe der Jungsteinzeit vor etwa 3.700 bis 2.900 v. Chr.

Die Badener Kultur in Österreich. Eine Kultur der Jungsteinzeit vor etwa 3.600 bis 2.900 v. Chr.

Die ersten Pfahlbauten in der Schweiz. Die Anfänge der Pfahlbauforschung und die Egolzwiler Kultur

Die Cortaillod-Kultur. Eine Kultur der Jungsteinzeit vor etwa 4.000 bis 3.500 v. Chr.

Die Pfyner Kultur in der Schweiz. Eine Kultur der Jungsteinzeit vor etwa 4.000 bis 3.500 v. Chr.

Die Horgener Kultur in der Schweiz. Eine Kultur der Jungsteinzeit vor etwa 3.500 bis 2.800 v. Chr.

Die Schnurkeramiker in der Schweiz. Eine Kultur der Jungsteinzeit vor etwa 2.800 bis 2.400 v. Chr.

www.ingramcontent.com/pod-product-compliance
Lightning Source LLC
Chambersburg PA
CBHW070517220526
45467CB00002B/718